U0114839

十萬個為什麼

天文與地理

幼獅文化 / 著
貝貝熊插畫工作室 / 繪

推薦序

讓科學智慧之光 照亮孩子的美麗夢想

時光如梭，孩子在不知不覺中一天天長大。面對奇妙的大千世界，突然有一天，他會輕輕地拉着你的衣角，眼裏充滿好奇和疑惑，嘴裏蹦出一個又一個「為什麼」。

為什麼睡覺時會做夢？為什麼小狗喜歡伸舌頭？星星是誰掛到天上去的？為什麼花兒會有香味？……大人們習以為常的生活、司空見慣的世界，對於孩子來説，都是那麼新奇和不可思議。他們迫切地想了解這個世界，每一個疑問就像一束智慧的火苗，在他們的心底燃燒。

身為父母的你，如果能珍視孩子的「為什麼」，並耐心地回答，或是和他一起去尋找答案，無疑會使孩子心中的智慧之火燃燒得更加熾熱。

如何用一種合適的方式把科學的知識傳輸給孩子，解除孩子心中一個個小問號，成為了家長和教育者面臨的永恆課題。

20 世紀 60 年代，《十萬個為什麼》曾風靡一時，這一名字已成為科普讀物的代名詞，深深地印在人們的腦海裏。隨着

時代的發展、科學技術的日新月異，已有的知識在不斷更新，當今孩子最想知道的林林總總「為什麼」又會是怎樣的呢？《天才孩子超愛問的十萬個為什麼》叢書滿足了廣大家長和孩子的要求，這是專為學前兒童精心打造的幼兒故事版《十萬個為什麼》。它以全新的理念、嶄新的科學知識和温情故事，帶給小讀者不一樣的全新感受。叢書精心選取了當今孩子最好奇的一些問題，包括動物、植物、天文、地理、奇妙人體和生活常識等各個方面的內容。針對 3 至 6 歲幼兒的認知水準，編者通過設置故事的形式引出問題，並對這些問題作出了準確、顯淺、生動的回答，力求以有趣的插圖、生動的故事、專業的解釋和通俗的語言，為孩子打開科學殿堂的大門。書中的每個問題都融合在有趣的故事裏，一來貼近孩子的視角，二來也有利於父母的講解，讓孩子在感受快樂的同時獲取知識。為了增加孩子的閱讀興趣，書中還有「知識加加油」、「問題考考你」、「謎語猜猜看」等趣味小欄目，大大增添了圖書的可讀性。

祝願孩子們在閱讀《天才孩子超愛問的十萬個為什麼》叢書的過程中，能閃耀出迷人的智慧光芒，照亮他們奇特有趣、豐富多彩的科學探索之路和美麗的童年夢想世界。

中國科普作者協會　少兒科普專業委員會主任

余俊雄

目錄

天才孩子超愛問的十萬個為什麼
天文與地理

B

為什麼天文台大多建在山頂？

有一天，小明跟爸爸去參觀山上的天文台。小明氣喘吁吁地爬到山頂，不解地問：「爸爸，為什麼要把天文台建在山頂呀？如果建在山腳下，不是更方便嗎？」

爸爸搖搖頭說：「那可不行。建天文台是有條件的，建在高處才能更好地觀察天文氣象呀！」

原來，地球被大氣包圍着，大氣層中的煙霧、塵埃及水蒸氣等，都會影響天文觀測。高處空氣好，透明度高，視野寬闊，在那裏觀測到的資料會更準確。因此，天文台大多建在山頂。

知識加加油

天文台的圓頂可以轉動，不管天文望遠鏡朝向天空的哪個方向，只要轉動一下圓頂，把天窗轉到鏡頭前面，然後打開天窗，就可以看到天空的目標。不用的時候，關閉天窗，就可保護天文望遠鏡不受風雨的侵襲。

為什麼彗星拖着長尾巴？

在一個星光閃爍的夏夜，小芬和爸爸在陽台上乘涼。突然，一顆彗星拖着像掃把一樣的尾巴從天空劃過。

「你看，有流星！它還拖着一條長長的尾巴呢！」小芬非常激動。她好奇地問爸爸：「為什麼這顆流星會有長長的尾巴，其他星星卻沒有呢？」

爸爸笑着說：「這是彗星。彗星的核心是個『髒雪球』，由冰（固態水）、乾冰（固態二氧化碳）等冰雪物質和塵埃微粒構成，其中最主要的成分是冰。當彗星經過太陽旁邊時，因水分蒸發，會產生很多氣體，遠遠看去就像一條長長的尾巴。」

知識加加油 ❶

科學家發現，地球生命可能起源於彗星。在地球形成的早期，不斷有彗星掠過地球，它們將有機物質像下雨一樣灑向地球，這也許是地球生命的起源。

知識加加油 ❷

古時候，人們不了解彗星，常常把戰爭、瘟疫、洪水、地震等災難歸咎於彗星的出現。所以，當時的人們把彗星稱為「掃帚星」，意思是說它會帶給人霉氣。

為什麼星星會眨眼睛？

天上的星星真多呀！小松鼠站在樹枝上數星星。

牠數啊數，怎麼也數不清，最後不耐煩地說：「都怪這些星星不停地眨眼睛，害我都不知道數到哪兒了。」

松鼠爸爸安慰小松鼠說：「其實，星星一直在那裏一動都沒動，只是當星光透過大氣層時，讓我們感覺它在一閃一閃。」

星星是宇宙中會自己發光發熱的恒星。它們距離地球太遠，所以看起來像一個個亮點。星星發出來的光是沿直線傳播的，但在穿過大氣層時，碰到厚薄不一的大氣而發生折射。由於折射的角度不同，我們看到的星星就像在眨眼睛。

知識加加油

當大於太陽質量 8 倍的恆星的外層星殼與星核徹底分離時，往往會伴隨着超大規模的爆炸，這種爆炸就是超新星爆發。原來的星星留下的殘骸叫做白矮星。

月亮上有嫦娥和玉兔嗎？

每天晚上，小兔都早早上牀，聽媽媽講有趣的睡前故事。

今天，兔子媽媽講的是嫦娥和玉兔的故事。「哈，太有趣了，月亮上有美麗的嫦娥和聰明的玉兔！」小兔聽得很入迷。

聽完故事，小兔忍不住問媽媽：「我能到月亮上去嗎？我能在月亮上見到嫦娥和玉兔嗎？」媽媽笑着說：「傻孩子，嫦娥和玉兔只是神話傳說，寄託了人們的美好願望。其實，月亮上一片荒涼，沒有空氣，也沒有花草樹木和飛禽走獸。它跟地球完全不一樣，到目前為止還沒有發現任何生命！」

知識加加油

1969 年 7 月，美國太空人岩士唐、艾德林和柯林斯乘坐「太陽神 11 號」太空船到月亮去。因為月亮上沒有空氣，不會侵蝕和風化腳印，岩士唐登月時踩在月亮上的第一個人類腳印，將會在月亮上存留數百萬年。不過，小流星的隕石碎屑最終也會使腳印消失。

謎語猜猜看

有時落在山腰，
有時掛在樹梢。
有時像面圓鏡，
有時像把鐮刀。

（謎底：月亮）

為什麼會有漲潮和退潮現象？

爸爸帶小輝到海邊度假。小輝玩得可開心了，他在沙灘上用沙子堆了一座小城堡。

第二天，小輝又來到沙灘，發現小城堡不見了，傷心地哭了起來。

爸爸摸着小輝的頭說：「小城堡是在海水張潮時被沖走的。」

小輝抹了抹眼淚，疑惑地說：「不對呀，我們腳下的沙灘並沒有海水！」爸爸笑着說：「那是因為海水退潮了。」

漲潮和退潮是由月亮的引力造成的。當月亮與地球的遠近有改變，地球受到的引力會有所變化，海水便會上漲或退卻，形成漲潮和退潮的現象。

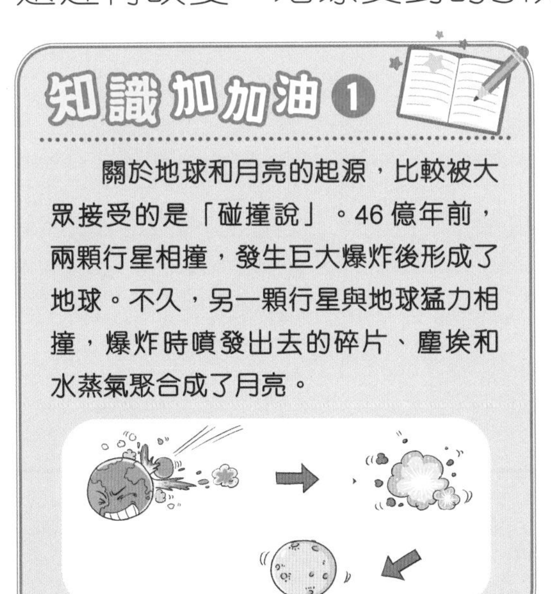

知識加加油 1

關於地球和月亮的起源，比較被大眾接受的是「碰撞說」。46 億年前，兩顆行星相撞，發生巨大爆炸後形成了地球。不久，另一顆行星與地球猛力相撞，爆炸時噴發出去的碎片、塵埃和水蒸氣聚合成了月亮。

由於月亮沒有大氣層的保護，白天在太陽的灼烤下，溫度高達攝氏130度；夜晚，溫度驟然降到攝氏負 110 度。在嚴酷的環境下，月亮表面除了乾燥的沙塵外，沒有一絲水的痕跡。

地球和太陽哪個大？

熊媽媽和小熊一起在看天文知識圖書。熊媽媽想考一考小熊，問道：「地球和太陽哪個更大？」

「地球肯定比太陽大！」小熊一本正經地說，「地球看起來無邊無際，總也看不到它的盡頭。而我們看到的太陽，有時像一個紅皮球，最大的時候也只有臉盆那麼大！」

「哈哈，真相會讓你大吃一驚。」熊媽媽笑着說，「實際上，即使 100 個地球加起來也不及太陽大。只是太陽離我們很遠很遠，我們站在地球上看太陽，才會覺得它小。」

知識加加油 1

太陽就像一個高温氣體組成的海洋。別說是生物，即使是用超級抗熱特殊材料造成的太空船，還沒等接近太陽大氣層就會被燒成灰燼。到目前為止，人類還沒研究出能靠近太陽的耐超高温特殊材料。

知識加加油 2

太陽是一顆黃矮星，它也是有壽命的。據科學家估算，再過 50 億年左右，太陽將耗盡內部的氫元素，外殼會急劇膨脹，核心部分在強大的引力下向內塌陷，變成一顆紅巨星，表面温度將低於現在的温度。

流星雨是怎麼形成的？

據天文台預測，晚上有流星雨。爸爸媽媽帶着希希來到山頂，一起觀看這難得一見的奇妙景象。

不一會，一顆流星劃過夜空。緊接着，無數道耀眼的光點像雨絲一般，在天空畫出美麗的弧線。

希希問爸爸：「這漂亮的流星雨是怎麼形成的？」

爸爸說：「形成流星雨的根本原因，是彗星破碎後，一些塊狀固體物和塵粒落入地球軌道，在穿越地球的大氣層時，和大氣產生摩擦而燃燒，形成流星。它們燃燒得很快，所以，我們常常看到流星只在天空中一劃而過，轉眼就消失了。當流星成羣出現時，就會形成迷人的流星雨。」

天文學家為區別來自不同方向的流星雨，通常以流星輻射點所在天區的星座給流星雨命名。獅子座流星雨在每年的 11 月 14 日至 21 日左右出現，數目大約為每小時 10 至 15 顆。但每隔 33 年，獅子座流星雨會出現一次高峯，流星的規模可達每小時數千顆，十分壯觀。

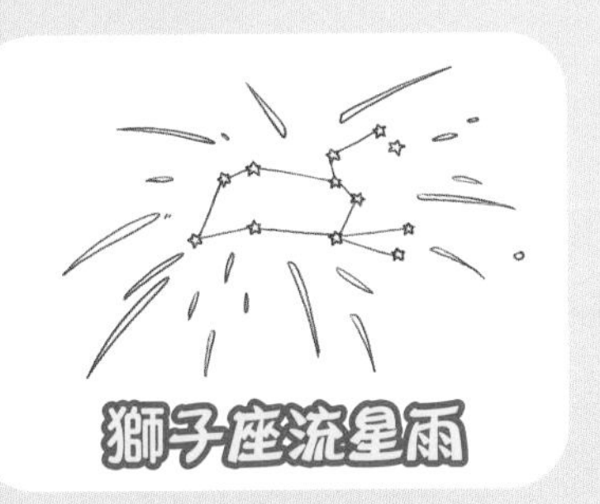

獅子座流星雨

月食是因為月亮被吃掉了嗎？

有一天晚上，貓頭鷹在樹上玩。忽然，月色暗了下來，貓頭鷹抬頭一看，發現剛剛還是圓圓的月亮缺了一塊，好像被什麼東西咬了一口。

牠曾聽婆婆說過《天狗食月》的故事，以為月亮真的被天狗咬了一口。牠驚恐地大聲喊叫起來：「大家快起來

啊，月亮被天狗吃掉啦！」

小熊從洞裏走出來，抬頭看了看月亮，說：「這叫月食，是一種正常的天文現象啊。」

原來，這是太陽、月亮、地球在運行過程中的一個罕見現象。當月亮運行進入地球的陰影時，三者在同一條直線上，月亮受到地球的遮擋後，有部分或全部區域不能被太陽直射照亮，於是就出現了月食現象。

知識加加油 1

月亮繞地球運轉的軌道，與地球繞太陽運轉的軌道不在同一平面上。因此，月亮、地球、太陽運行在一條直線上的情況非常少見，日食和月食的現象並不是每個月都能見到。一般來說，每年日食不多於 5 次，月食不多於 3 次。

知識加加油 2

月亮在天空中運行，有時會遮住水星、金星、木星、火星、土星等行星。如果你用一個能放大幾十倍的天文望遠鏡觀看，將會看到行星被月亮一點點「蠶食」的景象，這景象被稱為「月掩行星」。

火星上真的有火嗎？

小剛在跟媽媽玩看圖識字遊戲。媽媽指着圖上一個像球一樣的物體說：「這是火星，它是太陽系中的八大行星之一。」

小剛仔細地看了好久，說：「它看起來火紅紅的，好像着了火一樣！」

媽媽點點頭說：「它紅得像火，所以人們叫它火星。」

「紅彤彤的火星是不是真的在着火？」小剛的眼神充滿了好奇。

媽媽搖搖頭說：「其實，火星上並沒有火，而是有大量紅色的赤鐵礦，它看起來火紅紅的，就像有火在燃燒一樣。」

知識加加油 1

火星上的大氣非常稀薄，大部分都是二氧化碳，還有少量的水蒸氣和氧。火星上有數千條乾涸的河牀，長度從數百到數萬公里不等，這表明火星上曾經有過大量的水。

知識加加油 2

火星是太陽系中與地球情況最接近的一顆行星。科學家預測，人類開發太空旅行想要到達的第一顆行星，將會是火星。到那時，人類就可以成為「火星人」了。

星星是誰掛到天上的？

夜晚，小青蛙站在荷葉上，抬頭看着滿天的星斗，「呱呱」地唱起歌來：「一閃一閃小星星，一顆一顆亮晶晶，高高掛在天空上……」

「天空那麼高，是誰把星星掛到天空上的呢？」小青蛙突然停止唱歌，抓住在一旁忙着捉蟲的爸爸問。

青蛙爸爸聽着笑了：「呱呱呱，傻孩子，星星並不像看起來那麼小，誰也沒有那麼大的力量把它掛上去。」

大多數星星和太陽一樣，都是恒星，是一個會發光發熱的巨大天體，能夠向遼闊的太空發出強烈的光和熱。

知識加加油

許多星星的光要到達地球，需要在宇宙中經過許多年的時間。所以，我們現在看到的星星，有些可能已經不存在了。因為在這期間，它們可能已經爆炸並熄滅。我們現在看到的光，很可能是它們在爆炸前發射出來的。

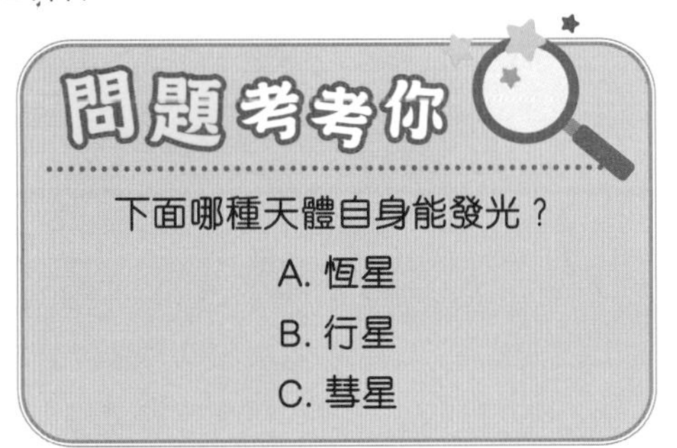

問題考考你

下面哪種天體自身能發光？

A. 恒星

B. 行星

C. 彗星

(答案：A)

為什麼會有白天和黑夜？

小兔偉偉最討厭黑夜了，因為天一黑，媽媽就會要牠睡覺。牠常常躺在牀上想：唉，要是永遠都是白天該有多好，我就可以整天玩耍啦！

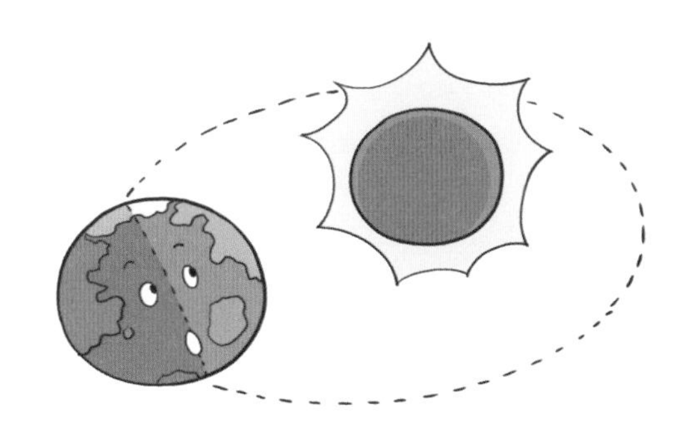

偉偉問媽媽：「媽媽，為什麼不能永遠都是白天呢？」

媽媽笑着說：「地球上的白天和黑夜是太陽公公決定的啊。」

地球每時每刻都在由西向東地自轉着。當地球帶着我們轉到朝向太陽的一面時，就是白天；當地球帶着我們轉到背對太陽的一面時，就是黑夜。地球在不停地自轉，所以白天和黑夜也就不停地交替出現了。

知識加加油 ❶

當太陽照射到北半球時，北極圈就會持續半年都是白天，我們稱之為「永晝」，此時的南極圈則會持續半年都是晚上，也就是「永夜」。當太陽照射到南半球時，永晝與永夜的現象正好相反。

知識加加油 ❷

黑龍江的漠河鎮位於中國的最北端，常年寒冷如冬。那裏的夏季只有半個月左右，期間日長夜短，是中國唯一可觀賞到北極光和永晝現象的地方，因此被稱為「不夜城」。

陰天時，太陽躲到哪裏去了？

星期六，小曼一大早就起牀了，她和爸爸約好一起去公園。她興沖沖地穿好衣服，跑到屋外一看，發現天色陰陰沉沉的，看不見太陽。

爸爸抬頭和小曼一起觀察了一番，然後說：「天好像

要下雨，我們不去公園玩了。等到下個星期天氣好的話再去吧！」

小曼有點失望，她看看天空，又看看爸爸，突然好奇地問：「爸爸，陰天時太陽躲到哪裏去了呀？」

爸爸指着天空說：「太陽沒有躲起來，它一直在天上呢！只是天空中厚厚的雲層把它遮住了，我們才看不到它。」

知識加加油 1

雲層一般都很薄，光線容易透過，在太陽光下顯得特別亮，所以被稱為「白雲」；而積雨雲的雲層很厚，陽光難以穿透，所以顯得很暗，被稱為「烏雲」。

知識加加油 2

在印尼爪哇島的的圖隆阿貢地區，據說每天都會下兩場雨，一場在下午3：00左右，一場在下午5：30左右，每一場都下得非常準時，那地方因此被稱為「不用鐘錶計時的地方」。

為什麼天空是藍色的？

小豬和小猴在草地上歡快地奔跑着。牠們跑了一會兒覺得累了，就躺在草地上。小猴唱起歌來：「藍藍的天上白雲飄……」

小豬躺在地上，抬頭仰望着藍天白雲。牠突然打斷小猴的歌聲，愣愣地問：「天空為什麼是藍色的？」

小猴撓了撓頭：「這個……我也不知道。」

牠倆一起去圖書館翻書找答案。原來，太陽光中有紅、橙、黃、綠、藍、靛、紫七種主要色光。當太陽光透過大氣層射向地球表面時，那些波長較短的藍、靛、紫色光等沒能穿透大氣層，被大氣層裏的微粒折射了出來，所以我們看見晴朗的天空總是蔚藍色的。

知識加加油

早晨或傍晚時分，太陽斜照地面，光線到達地面的距離變長。太陽光中只有波長較長的紅、橙、黃色光能穿過大氣層到達地面，所以在太陽升起或落山時，大地和天空看起來是紅彤彤或金燦燦的。

謎語猜猜看

像是煙來沒有火，
說是雨來又不落。
有時能遮半邊天，
有時只見一朵朵。

（謎底：雲）

為什麼雲在天空上不會掉下來？

小鳥跟着媽媽在天空學飛。牠們一會兒貼近地面飛，一會兒竄入雲層。看着周圍的白雲，小鳥嘰嘰不解地問：「媽媽，為什麼我們要扇動翅膀才能飛，而雲能飄在空中不會掉下去呢？」

媽媽笑着說：「那是因為雲太輕太輕了！」

雲由許多微小的水滴和小冰晶緊密結合在一起形成。這些物質很輕很輕，不斷上升的氣流就像一隻無形的大手，很容易就能將它們托住，所以雲朵不會掉下來。

天空中的雲朵有時像小羊，有時像小狗，不斷地變幻出各種形狀。到底是誰在指揮着雲朵不斷地變化呢？原來是風在發號施令。因為雲朵很輕，被風一吹就會變幻出各種形狀。

知識加加油 2

人們通過觀察雲彩來了解天氣的變化，並總結出一些經驗，如：

1. 早起浮雲走，中午曬死狗。
2. 天上鈎鈎雲，地上雨淋淋 。
3. 魚鱗天，不雨也風顛。
4. 黑雲是風頭，白雲是雨兆。

為什麼一年有四季？

天氣漸漸轉涼，文文的媽媽在房間裏整理衣櫃。她收起薄衣裳，換上了厚衣服。

「媽媽，為什麼要把衣服換來換去？」文文問。

「秋天來了，天氣變涼了。夏天的衣服要收起來，等到明年再穿了。」媽媽說。

「為什麼每年都有春夏秋冬四個季節？如果都是夏天，就可以天天去游泳，

多爽啊！」文文的腦子不停地轉着。

「我們居住的地球總是略側着身子，不停地繞着太陽轉動，轉一圈是一年。我們生活在北半球。當地球圍繞太陽運轉時，我們獲得的陽光有時多一些，那就是夏季；有時少一些，那就是冬季；春、秋兩季分別處在夏、冬兩季轉換期間。一年四季就是這樣形成的。」

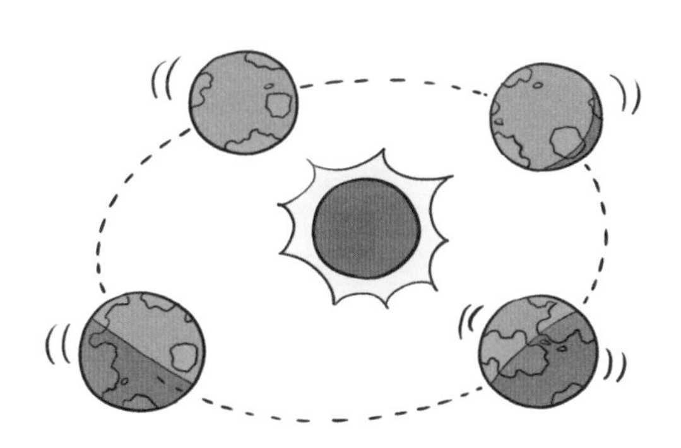

夏天，全中國氣溫最高的地方不是海南島，而是吐魯番盆地。在那裏，中午的溫度高得可以煮熟一隻雞蛋。

為什麼月亮總是跟着人走？

周末的晚上，媽媽騎單車帶妮妮回家。妮妮不停地抬頭看天，她發現了一個奇怪的現象：夜空中的月亮始終都在自己的頭頂上。

妮妮好奇地問媽媽：「月亮為什麼一直跟着我們走？」媽媽笑着說：「其實是我們人在走，而不是月亮在走，就

像我們坐在火車上看見車窗外的景物在移動一樣。」

當我們邊走邊看路旁的樹木時，視線和樹木之間的角度會發生很大的變化，所以我們知道人在動，樹沒有動；但我們在看月亮時，由於月亮距離我們很遙遠，不管我們跑得多快，視線和月亮之間的角度變化太小，肉眼感覺不到，所以就覺得月亮在悄悄地跟着人走啦！

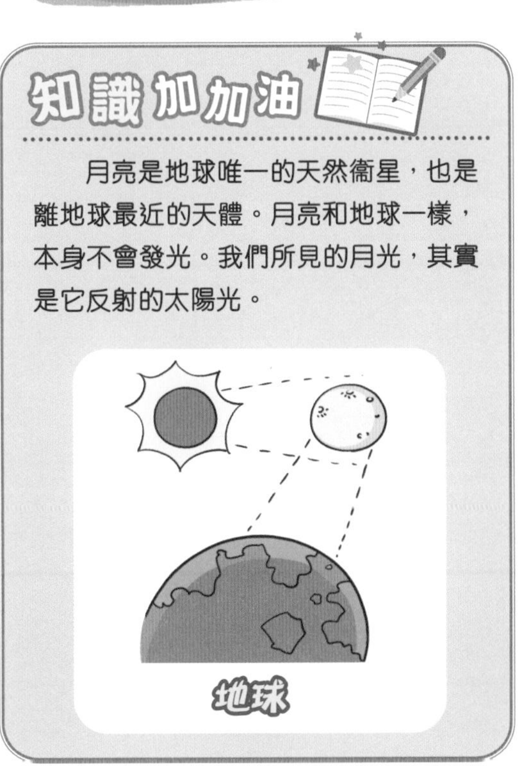

知識加加油

月亮是地球唯一的天然衞星，也是離地球最近的天體。月亮和地球一樣，本身不會發光。我們所見的月光，其實是它反射的太陽光。

為什麼太陽會東升西落？

早上，公雞亮亮第一個起牀。牠面朝東邊，向着和牠一樣早起的太陽高聲啼叫：「喔——喔——喔！天亮了！」森林裏的動物聽到公雞亮亮的叫聲，紛紛起牀，開始一天的忙碌。傍晚，亮亮卻發現早上見到的太陽來到了西邊。牠一連觀察了好幾天，發現太陽每天都是從東邊升起，往西邊落下。

「聰明的鴨寶寶，你知道太陽為什麼總是東升西落，而不是西升東落嗎？」亮亮問鴨寶寶。

鴨寶寶告訴公雞亮亮：「那是由於地球自身不停地由西向東轉動。」

太陽是一顆不會移動的恆星，地球是太陽的行星，地球在圍繞太陽公轉的同時，每天又會由西向東自轉一圈，所以我們會看到太陽東升西落的現象。

知識加加油 1

太陽是太陽系的中心，八大行星中離太陽最近的是水星，向外依次是金星、地球、火星、木星、土星、天王星和海王星。這八大行星沿着自己的軌道不停地繞太陽運轉。同時，太陽慷慨地奉獻自己的光和熱，照耀着太陽系中的每一個成員。

知識加加油 2

太陽給人類帶來光和熱，人類利用太陽的這一特性，把太陽光轉化為能量來發電，或用作汽車的動力。太陽光取之不盡，而且不會污染環境，是理想的綠色能源。

天有多高呢？

動物王國舉行飛行大賽。小麻雀一下就飛到 10 米高，贏得了大家的掌聲。小鴿子一下就飛到 30 米高，動物們向牠發出了陣陣歡呼聲。

輪到小山鷹出場了。只見牠展開雙翅，嗖的一下飛到了離地面 300 米的高空，大家都看不見牠的身影了。

小山鷹贏得了比賽的冠軍。小山鷹說：「我要多多練習，飛得比天還高！」

大象博士聽了，呵呵地笑着說：

「小山鷹，你的志向很高遠，值得

大家學習。但天很高很高，你不可能飛得比天還高啊！」

我們仰頭看到的藍色天空，就是圍繞在地球周圍的大氣層。大氣層離地面最高處有 3000 公里呢！

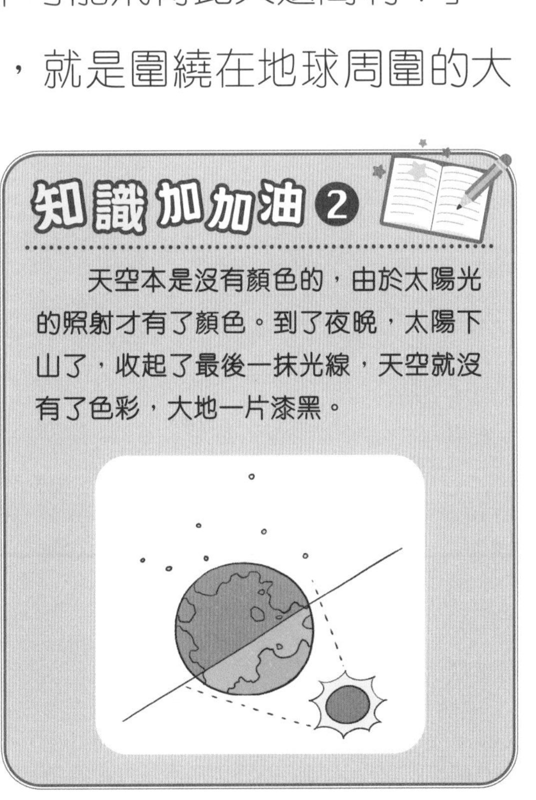

知識加加油 ②

天空本是沒有顏色的，由於太陽光的照射才有了顏色。到了夜晚，太陽下山了，收起了最後一抹光線，天空就沒有了色彩，大地一片漆黑。

知識加加油 ①

曾經有人猜想，在月亮上可以看到中國的長城。其實這是不可能的。在月亮上看長城，相當於在空中飛行的飛機上看地面的一根頭髮絲，那是根本不可能看到的。

銀河系的形狀真的像一條河嗎？

暑假，丁丁到鄉下的舅父家度假。晚上，他和舅父躺在草地上看星星。

「舅父，銀河裏有好多星星呢！」丁丁感到非常驚奇。

「是啊！你知道整個銀河系是什麼形狀嗎？」舅舅想考一考丁丁。

「銀河系當然是像河那樣長長彎彎的啦！」丁丁充滿自信地回答。

「呵呵，錯了哦！」舅父笑着搖搖頭說，「從平面上看，整個銀河系就像一個大風車。但因為地球在銀河系的內部，所以我們看不到整個銀河系，只能看到銀河系投影在天上的那部分所產生的亮帶。那只是銀河系的一部分，所以，我們看到的銀河，就像天空中的一條大河。」

「我懂了。宇宙的秘密真是無窮無盡啊！」丁丁望着夜空，會意地點點頭。

知識加加油 1

傳說每年農曆的七月初七，牛郎和織女會在天上相會。但在夜空中閃爍的牛郎星和織女星相距遙遠，即使到了那天也不會相遇。

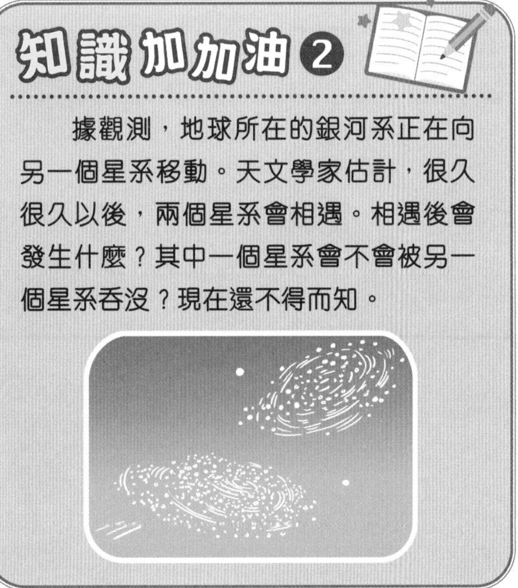

知識加加油 2

據觀測，地球所在的銀河系正在向另一個星系移動。天文學家估計，很久很久以後，兩個星系會相遇。相遇後會發生什麼？其中一個星系會不會被另一個星系吞沒？現在還不得而知。

真的有外星人嗎？

小朋友在牆上貼了許多自己畫的漂亮圖畫，小明站起來告訴大家：「我畫的是我的夢想，我想長大後當一名太空人，飛到其他星球上和外星人做朋友。」

芊芊立刻站起來反駁：「我爸爸說世界上並沒有外星人！」

小明聽了非常沮喪，問道：「老師，真的沒有外星人嗎？」

老師笑着向大家解釋：「芊芊爸爸說得沒錯。到目前為止，我們還沒有發現外星人的蹤跡。但科學家還在努力，利用各種先進的儀器向外太空發射訊號，尋找外星人。宇宙這麼大，也許真的有外星人存在，只是目前我們還沒有聯繫上而已。」

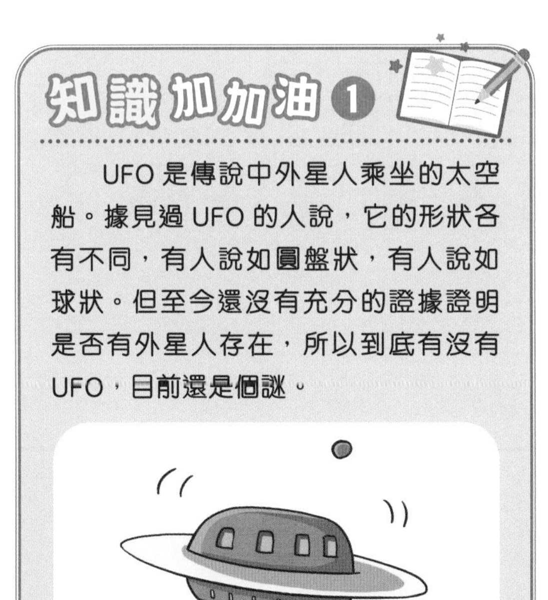

知識加加油 1

UFO 是傳說中外星人乘坐的太空船。據見過 UFO 的人說，它的形狀各有不同，有人說如圓盤狀，有人說如球狀。但至今還沒有充分的證據證明是否有外星人存在，所以到底有沒有 UFO，目前還是個謎。

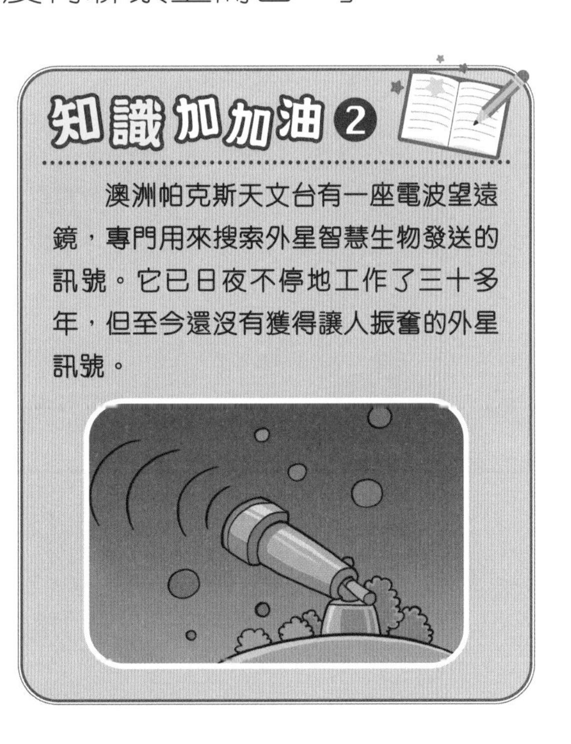

知識加加油 2

澳洲帕克斯天文台有一座電波望遠鏡，專門用來搜索外星智慧生物發送的訊號。它已日夜不停地工作了三十多年，但至今還沒有獲得讓人振奮的外星訊號。

宇宙中還有星球適合人類居住嗎？

晚上，小光和爸爸在陽台上觀察星空。夜空中繁星點點，漂亮極了。

「爸爸，天上的星星這麼多，我們能移居到其中一顆去生活嗎？」小光好奇地問。

「真是個有創意的想法，但是目前還不行。」小光愛動腦子，爸爸很欣賞。

「為什麼？」小光很迷惑。

「因為目前還沒有發現其他適合人類生存的星球啊！」爸爸笑着說。

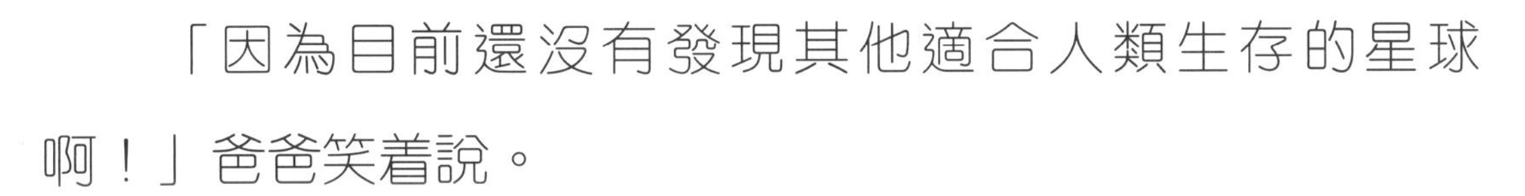

適合人類生存的星球，應具備三個條件：質量跟地球差不多；溫度適合人類生存；有液態水。但目前的宇宙探索技術還不夠發達，人類還沒找到其他適合人類居住的星球。不過，宇宙那麼大，有可能存在與地球環境相似的行星，說不定人類將來真的可以移居到其他星球呢！

知識加加油 1

古人在觀測宇宙時發現，金星每四年的運行軌跡像一個五角形。出於敬畏，五角形成為人們至善至美的象徵，也常被用作表示星星的形狀。

知識加加油 2

據天文學家預測，木星有可能在太陽衰弱以後代替太陽成為新的恆星，「接管」太陽系。但不管怎樣，發生這樣的情況至少還需要很多億年的時間。

地球上的氧氣會用完嗎？

小花貓和媽媽一起看電視。電視上說全球人口已超過70億。「70億！」小花貓聽得心驚膽跳，滿臉驚訝地說：「媽媽，人類越來越龐大，要是哪一天把地球上的氧氣都用完了，我們還能生存下去嗎？」

媽媽轉過頭說：「傻孩子，別怕！地球上的氧氣都是綠色植物製造的，只要有植物生存，我

們就能呼吸到氧氣。」

地球上的植物和某些細菌都含有葉綠素。在太陽光的照射下，葉綠素能把空氣裏的二氧化碳和水「吸」進去，轉換成葡萄糖和氧氣，再把葡萄糖變成它們自身需要的能量，同時「呼」出氧氣。

「太好了，我要多種一些植物！」小花貓高興地說。

謎語猜猜看

年齡已有億萬年，
太陽系裏一成員。
自轉一圈是一天，
繞日一周是一年。

（謎底：地球）

知識加加油

科學家認為，地球如果能這樣自由自在地運轉，不受其他因素的干擾，會永遠存在下去；但要是發生太陽壽命終結、彗星撞擊等情況，地球就會發生巨大變化，甚至有可能滅亡。

地球的重量會因人口增多而增加嗎？

思思和好朋友芬芬一起在花園裏玩。思思高興地對芬芬說：「我舅母生了一個龍年寶寶！」

芬芬聽了有點驚訝，說：「真的嗎？我姑母也生了一個小寶寶呢！」

「我爸爸說龍年會有很多小寶寶出生，這沒什麼奇怪的。」思思說。

「地球的重量會不會因為人多了而增加呢？」芬芬顯得很擔心。

芬芬的擔心其實沒有必要。根據質量守恆定律（又稱物質不滅定律），在一個與周圍隔絕的環境中，不論發生什麼變化，各種物體的質量總和是不會變化的。地球就在一個近似隔絕的空間裏，符合質量守恆定律。例如：人越來越多，消耗的食物也會越多。所以，地球的重量不會變。

知識加加油

如果很多人都在同一時間朝地球運轉的方向奔跑，會不會使地球的運轉速度變快呢？哈哈，當然不會啦！因為地球的重量實在太大了，就算全世界的人一起奔跑，也絲毫不會影響它的運行軌道和運行速度。

大海有邊界嗎？

小鯉魚一直跟着媽媽住在一個小湖裏。有一天，媽媽決定帶小鯉魚去看大海。牠們順着河流游啊游，游了很久很久，終於來到了出海口。媽媽開心地對小鯉魚說：「我們到了！看，這裏就是大海，我們一起去海裏暢游吧！」

小鯉魚驚訝極了，因為牠從沒見過這麼壯麗的景象：

寬廣的大海一望無際，湛藍的海水與天相連。大海真是太大、太神奇啦！

小鯉魚好奇地問媽媽：「海這麼大，它是不是沒有邊界呀？」

鯉魚媽媽回答：「大海雖然很大，看起來無邊無際，但實際上還是有邊界的。它的邊界就是陸地。」

胸懷真寬闊，江河容得下。
朝漲暮就落，風起掀浪花。

（謎底：大海）

知識加加油

太平洋是世界上最大的海洋，也是島嶼、海灣、海溝和火山分布最多，地震最多的海洋。它名叫太平洋，但其實並不太平呢！

溫泉裏的水是誰加熱的呢？

爸爸帶小旭去泡溫泉，只見溫泉池邊水霧繚繞，恍如仙境。

池子裏的水和暖又舒服，還不斷冒出泡泡。小旭開心地在水裏玩了一會，腦子裏冒出一個問題，忍不住問爸爸：「溫泉裏那麼多的水是誰加熱的呢？」

爸爸笑着說：「它們是由地下岩漿加熱的。」

火山爆發能使地球內部大量熔融狀態的岩漿沖出地面，可是也有不少岩漿停留在地表附近。這部分岩漿的溫度非常高，它把熱量分散到地表層裏，使得那裏的地下水溫度升高，變成熱水。這些熱水流出地表，就形成了溫泉。

寒暑多變它不變，
遊人見了笑開顏。
硫磺暖水湧不盡，
引來眾人洗開懷。

(謎底：溫泉)

知識加加油

有的地方的溫泉非常熱，可以煮熟雞蛋。不過，大多數溫泉的水溫都不會太高，適合人們洗浴。泡溫泉可以消除疲勞，促進血液循環，有助強身健體。

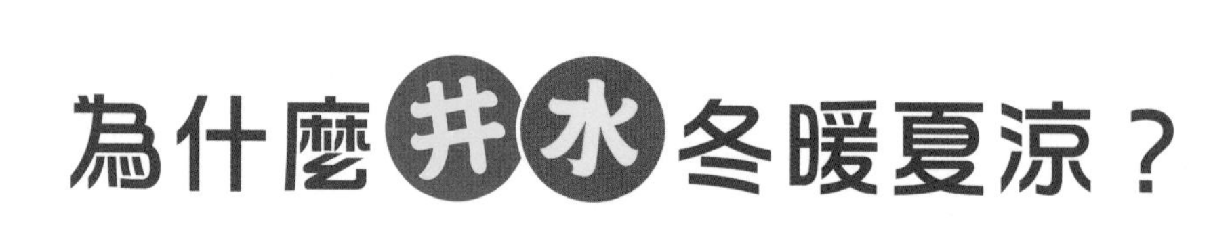

為什麼井水冬暖夏涼？

小克和爸爸媽媽去鄉下爺爺家過年。

小克去外面玩了一會回來，手上髒兮兮的。爺爺走過來，拉起小克的小手說：「髒小豬，我去打點井水給你洗洗。」

小克連忙搖頭：「不洗不洗，冬天的水好冷啊，我不想洗手。」

爺爺笑笑說：「井水不冷的呀！」

小克半信半疑地把手伸進爺爺從井裏打上來的一桶水裏。啊，果然跟爺爺說的那樣，井水不僅不冷，還有點暖乎乎的。這是為什麼呢？

原來，由於土壤具有保溫作用，井水的溫度幾乎一年四季固定不變，不會因外界氣溫的變化而變冷或變熱。只是因為井外的氣候在發生變化，才顯得井水冬暖夏涼。

在中國太行山的山腰上，有一個叫「冰冰背」的怪地方。那裏夏日結冰，寒氣襲人；冬天卻熱氣騰騰，從亂石中溢出的泉水溫暖宜人。

知識加加油 2

湖南省有一口保存 500 多年的神奇古井，它能預測天氣。每逢下大雨前的一兩天，井水會變成棕紅色，持續 2 至 5 個小時後又恢復正常。只要遇到這種情況，不出兩天必有大雨。因此，當地人稱這口古井為「雨神」。

瀑布是怎麼形成的？

暑假時，佳佳跟着爸爸媽媽去廬山這個避暑勝地旅遊。

他們高高興興地走在山路上，忽然聽到一陣陣「隆隆」的響聲。佳佳覺得奇怪，飛快地向發出聲音的地方走去，想看個究竟。她繞過一個山道，只見一條水簾從山頂直沖下來，發出巨大的響聲。

佳佳好奇地問：「這是哪兒來的水？它看起來好像一塊大布簾！」

媽媽笑着說：「這是瀑布。」

佳佳看着瀑布，又問：「這瀑布是怎麼形成的？這些水怎麼會從那麼高的地方下來呀？」

媽媽告訴佳佳，山裏的水是從高往低流的，當山體出現斷層，上下落差很大時，水流直接沖下去，就形成了瀑布。

知識加加油 ❶

在美國夏威夷的萊尼胡利山上，有一個「水向高流」的瀑布。每當颳東南風，巨大的風力使河流上層的水像奇跡般轉頭湧向上游。不過，最終水流還是會按原來的規律，向百米深谷奔去。

知識加加油 ❷

世上最高的瀑布是委內瑞拉的安赫爾瀑布，落差達 979 米，相當於 320 層樓那麼高。因為下面是原始密林，四周有高山環繞，想要一睹它雄渾的氣勢，只能乘坐直升機觀察了。

為什麼海水不會溢出來？

熊貓老師正在給大家上地理課，牠轉動着地球儀說：「這是長江，上面那條是黃河。」

小猴舉手提問：「這些河水最終會流向哪裏？」

熊貓老師說：「它們都會流向大海。」

「河裏的水那麼多，都流向大海後，海裏的水會不會溢出來啊？」小猴非常着急。

「海水是不會溢出來的，你們知道為什麼嗎？」熊貓老師向大家講解了其中的道理，「因為地球上的水會循環流動，保持總量不變。」

原來，在太陽的照射下，海洋、湖泊、江河中的水分會不斷地蒸發到空中，上升形成雲；雲遇冷後變成雨、雪，又降落到陸地和海洋中。陸地的降水再由高向低匯入江河、湖泊，最後匯入海洋。海水又在太陽的照射下蒸發且不斷升到空中……地球上的水就這樣不斷地循環流動，保持着總量的穩定。

為什麼河流總是彎彎曲曲的？

燕燕旅行回來了，帶了許多漂亮的照片給大家看。

「嘩，河邊的風景照太美了！」玲玲羨慕極了。

玲玲一口氣看完了燕燕在旅途上拍的照片。「為什麼各種河流都有一個共同的特點——都是彎彎曲曲的呢？」玲玲從照片中發現了一個奇特的問題。

玲玲回家問爺爺。爺爺告訴她，因為河流會隨地形的不同而改變前進的路線。當河流彎曲前進時，外側水流的速度會快一些，因而侵蝕作用也比水流較慢的內側大一些。時間一長，河道的兩岸就會變得凹凸不齊，河流的彎曲程度也就更加明顯了。

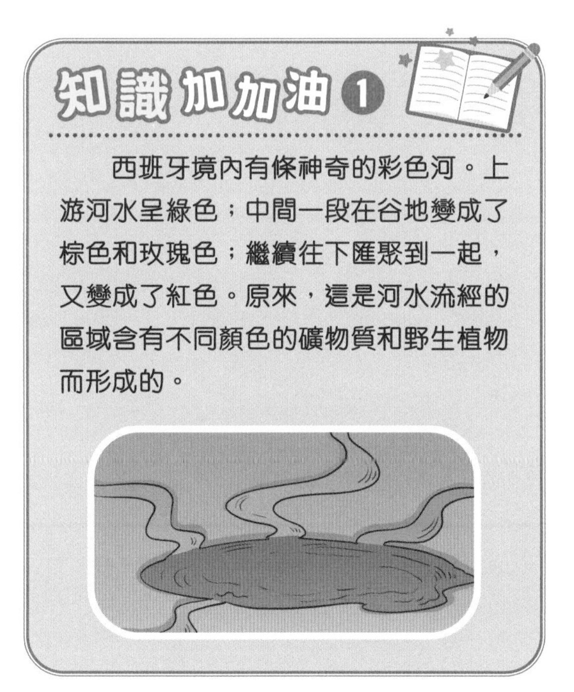

知識加加油 1

西班牙境內有條神奇的彩色河。上游河水呈綠色；中間一段在谷地變成了棕色和玫瑰色；繼續往下匯聚到一起，又變成了紅色。原來，這是河水流經的區域含有不同顏色的礦物質和野生植物而形成的。

知識加加油 2

非洲的尼羅河是世界上最長的河流；南美洲的亞馬遜河是世界第二長的河流；中國的長江是世界第三長河。這些河流儲存了地球上最主要的淡水資源，也孕育了河流兩岸豐富的生物種羣。

地底下也有河流嗎？

小蚯蚓每天都跟着媽媽在地底下挖土鑽洞。有一天，牠正挖着土，忽然聽到不遠處傳來「嘩啦嘩啦」的流水聲。

小蚯蚓好奇地問媽媽：「媽媽，我聽到了流水的聲音，難道地底下也有河流？」媽媽笑着說：「孩子，你說得一點都沒錯。」

小蚯蚓開心極了，跟着媽媽繼續向前挖，很快就看見了一條小河流。小蚯蚓激動得大叫：「河流，地下河流！」

地下的河流是由下雨時從地面滲透下去的雨水匯集而成的，通常稱為「地下河」。

知識加加油

位於廣東歷史文化古城的連州地下河，因為洞口寬闊，像一個大嘴巴，所以被稱為大口岩。它以神秘瑰麗的鐘乳石及洞穴暗河而馳名世界。

什麼是天坑？

暑假到了，爸爸和小偉在討論旅行計劃。小偉說：「爸爸，我們已去過很多旅行景點，這次要選一個我們倆都沒去過的地方。」

爸爸說：「我們去廣西看天坑吧！」

「天坑是什麼？」小偉一頭霧水。

爸爸拿出一些照片給小偉看。小偉發現，天坑就像是地面上突然出現的一個大洞，四周植被豐富。小偉被這奇

特的景色吸引住了，恨不得和爸爸馬上出發。

天坑是一種特殊的地形。那裏氣候濕熱，雨量充沛，有大片石灰岩。雨水降落在石灰岩地面上，沿着岩石的裂縫滲入地下，溶蝕四周的岩壁，使裂縫不斷擴大，在地下形成溶洞。溶洞的洞頂受重力的作用而往下坍塌，形成漏斗狀的洞。天長日久，「漏斗」越來越大，最終形成天坑。

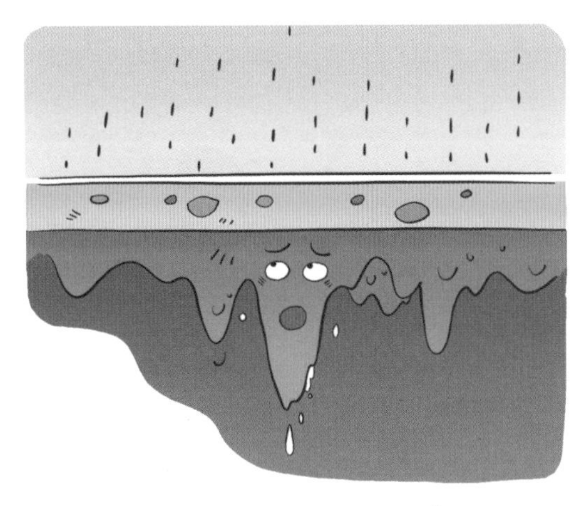

知識加加油

廣西壯族自治區樂業縣境內的樂業天坑羣，是世界上最大的天坑羣。那裏有各種不同類型的天坑，因此被稱為「天坑博物館」。這些天坑擁有大量珍貴的動植物，被人們譽為「遠古植物的天堂」和「動物的王國」。

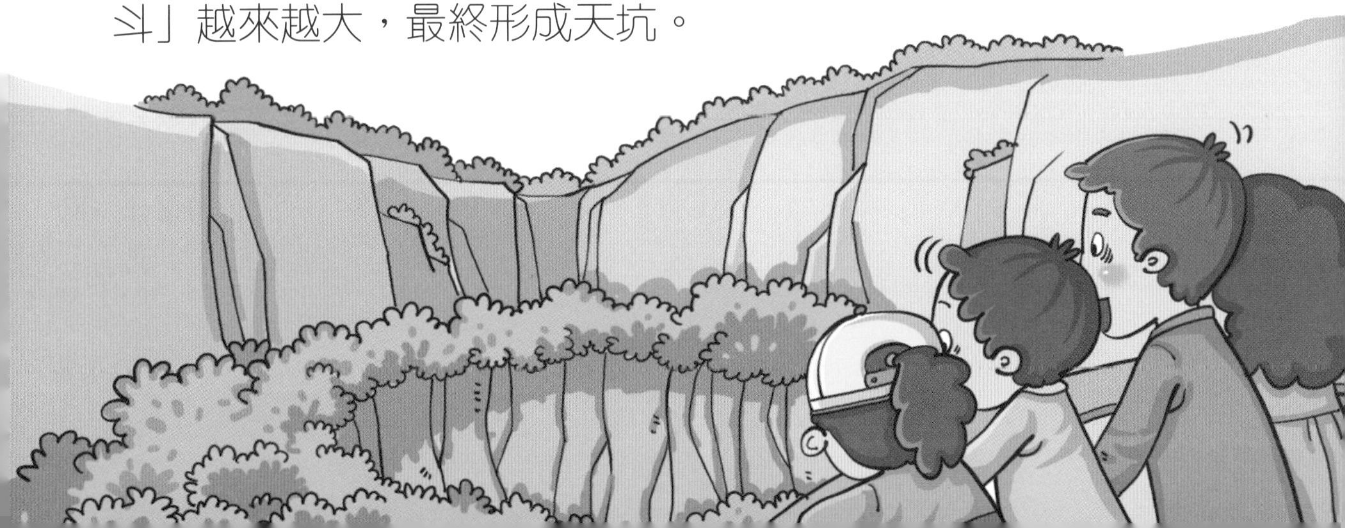

為什麼火山會爆發？

小老虎正和朋友們在叢林裏玩。突然，牠發現遠處的一座山上噴出一股火柱，還冒出巨大的煙灰。

「起火了？我們去那邊看看吧？」小老虎提議道。

大熊貓擺擺手，立刻阻止他說：「千萬別冒險，那邊火山正在爆發！」

小刺蝟聽着很好奇，問：「昨天那座山還好好的，為什麼現在會噴出那麼多火和煙呢？」

是呀，火山是怎麼爆發的呢？原來，地球內部的溫度非常高，強大的熱能會使岩石熔化，並在地球內部移動，熔化了的岩石叫作岩漿。它會慢慢上升到接近地表的地方，等到有足夠的能量時就會衝破地殼的薄弱處，形成壯觀的火山爆發現象。

知識加加油

日本富士山是一座著名的火山。它在古時大爆發，熔岩從山頂奔流而下，向四周蔓延。流動的熔岩冷卻後，會一圈圈堆積在山體周圍，形成現時勻稱、漂亮的圓錐形火山。

為什麼海水是鹹的？

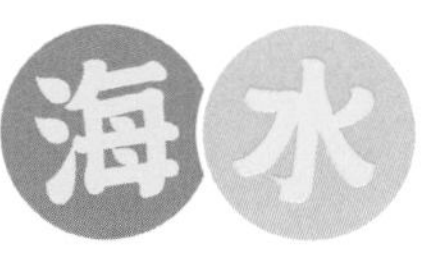

小熊第一次來到海邊遊玩，當然非常興奮。牠一個飛撲就插進水裏，熊媽媽在後面大聲喊：「小心，有海浪！」

熊媽媽的話音剛落，只見浪花由遠而近拍打過來。小熊站立不穩，搖晃着跌進海水裏，還連喝了幾口海水。

「呸，呸，海水好鹹啊！」小熊伸出了舌頭。

「海水裹含有大量鹽分，當然鹹啦！」熊媽媽說着向牠游了過來。

岩石裹有一些礦物鹽，分化後不斷隨水流滲入大海。同時，海底火山也會使地下深處的鹽分滲入海水中，所以令海水變成鹹的。

知識加加油

死海是世界上著名的內陸海，含鹽量極高，魚兒難以生存，岸邊也沒有花草，因此被稱為死海。因為這裏的海水含鹽量特別高，浮力很大，連不懂游泳的人在水中也不會沉下去。

為什麼冰川會移動？

小企鵝冰冰和伙伴們一起玩跳水。牠們站在冰川上，一個跟着一個跳，玩得很開心。不知不覺天色暗了下來，企鵝媽媽來叫冰冰回家。「我們過幾天還來這裏玩吧！」「好！」冰冰和伙伴們互相約定。

幾天後，小企鵝們又想去冰川上玩跳水，沒想到原來的冰川竟

然漂移了很遠一段距離。冰川沒有腳，怎麼會移動呢？

原來，冰川分布在氣温低於攝氏0度的高海拔地區，那裏終年積雪。當受到太陽的照射時，積雪會融化，但因周圍温度低，融化的雪很快又結成冰。冰越積越多，冰川越來越重，就會漸漸向下沉積。當冰川重力大於地面摩擦力時，便會緩慢地流動。

知識加加油

冰島的格里姆斯維特火山曾經發生過一次壯觀的噴冰現象。它爆發時，沒有騰空而起的火山灰，也沒有噴湧而出的岩漿，只看到一堆堆冰塊被拋向高空。原來，格里姆斯維特火山的山頂上覆蓋着厚厚的冰層。火山要把內部的岩漿噴出來，就得先掀開冰蓋，所以才形成了這一奇特的火山噴冰現象。

高山是怎樣形成的？

秋高氣爽的日子，去郊外遠足是最合適的了。這天，蘭蘭興致勃勃地請爸爸帶她一起去遠足。才走到山腰，蘭蘭就累得氣喘吁吁了。她眺望着遠遠近近的山，突然產生

了疑惑。她問爸爸：「平地上怎麼會長出高高低低的山？山是怎樣形成的呢？」

「行山還在動腦筋，你的小腦袋還真忙呀！」爸爸說着，找了個地方讓蘭蘭歇歇腳。他告訴蘭蘭：「我們腳下的大地是由一些會移動的地球板塊組成的。這些板塊在地球內力的作用下相互擠壓，使一些地方升高。這些升高的地方便形成了山。」

知識加加油 1

在甘肅省敦煌有一座奇特的鳴沙山，整座山由細小的黃沙組成。狂風席捲時，沙子會發出巨大的轟鳴聲；輕風吹拂時，沙子又會發出像吹奏笛子的聲音，因此被稱為「鳴沙山」。

知識加加油 2

中國被稱為「五嶽」的五大名山，分別是東部的山東省泰山、西部的陝西省華山、北部的山西省恆山、中部的河南省嵩山和南部的湖南省衡山。

為什麼青藏高原被稱為「世界屋脊」？

農曆新年，表姐來洋洋家拜年。吃完晚飯，表姐為大家演唱了一首《青藏高原》。她動聽的歌聲，贏得了大家的熱烈掌聲。

「青藏高原是一個地方嗎？」洋洋好奇地問。

「是啊，它在中國的西部。」表姐告訴洋洋，「人們稱它為『世界屋脊』。」

「為什麼會有這樣的稱呼呢？」洋洋不明白。

「因為它位於世界最高處，長得又高又大！」表姐說。

青藏高原面積達 250 萬平方公里，約佔中國陸地總面積的四分之一，平均海拔在 4000 米以上。它的地域之廣、海拔之高是其他高原無法比擬的，因此被稱為「世界屋脊」。

青藏鐵路是世界上海拔最高、線路最長的一條高原鐵路，於 2006 年 7 月 1 日全線通車。建築工人每修一段都要克服凍土連綿、高原缺氧的惡劣生態環境。因此，這條鐵路被稱為「天路」。

知識加加油 2

很久以前，青藏高原是一片海洋。在遠古時期的一次造山運動中，那裏的地球板塊因相互擠壓而隆起，形成青藏高原。有人在青藏高原上發現了海螺化石，證實了它曾經是海洋。

為什麼中國的河流都從西往東流？

春天來了，冰雪融化了，小河潺潺流淌。小青蛙來到河邊，呱呱叫道：「小河小河，你要流到哪裏去？」

小河笑着說：「我要和我的伙伴們一起往東，一直奔向大海。」

「你是說其他河流也和你一樣，都是向東流入大海嗎？」小青蛙感到很驚訝。

「是啊，我們都是從西往東流的。」小河回答道。

「那是誰規定你們都要往東流呢？」小青蛙不明白。

「嘻嘻，我們的流向是地勢決定的。」小河歡笑着，繼續往前。

中國位於亞洲的東部，地勢西高東低。水順着地勢從高往低流，便形成了河流從西往東流的現象。

知識加加油 ❶

希臘有一條河名叫奧爾馬加河。這條河的水甜甜的，像加過糖一樣，被人們稱為「甜河」。原來，奧爾馬加河源頭的土壤裏含有一種原糖結晶體。原糖結晶體是構成糖的主要成分，很容易溶解在水中。所以，奧爾馬加河的水含有甜味。

知識加加油 ❷

長江是世界第三長河，也是中國第一長河。在所有中國人的心中，它和黃河都一樣是「母親河」。長江流經的面積廣泛，沿岸孕育了廣闊、肥沃的土地和豐富的糧食和農作物。

為什麼大河的入海口會出現三角洲？

飛飛在玩地球儀。他發現許多大河入海的地方，都會有一塊三角形的陸地，長江入海口是這樣，珠江入海口也是這樣。

飛飛問爸爸：「這些三角形的陸地叫什麼？」

爸爸告訴他：「那是三角洲。」

「它為什麼會在大河的入海口出現呢？」飛飛又問。

「嗯，那是一個地理方面的有趣問題……」爸爸給飛飛講了相關的知識。原來，河水流動時，一路上會攜帶着一些泥沙，並在入海口受到海潮的頂托，使流速逐漸減慢。水中的泥沙沉澱了下來，時間一長，便形成一條沙堤，迫使河水改道從兩旁流入大海。受到沙堤的阻攔，水流變得更加緩慢，泥沙不斷下沉，形成三角形陸地。

知識加加油

人們經過長時間的觀察，發現大河入海口都像三角形，於是就用△來標示所有河流的入海口，稱其為「三角洲」。

問題考考你

大河入海口的三角洲，看上去是什麼形狀？

A. 正方形
B. 圓形
C. 三角形

（答案：C）

沙漠的沙子從哪裏來的？

小科的叔叔是一位地質勘探家，他剛從沙漠探險觀察回來。小科看到叔叔帶回來的照片，奇怪地問：「叔叔，為什麼那裏全是沙子？」

「哈哈，沙漠裏當然全是沙子啦！」叔叔笑着說。

「那些漫無邊際的沙子是從哪裏來的呢？」小科圍着叔叔問個不停。

叔叔拿出一本畫冊給小科看：「這裏介紹了很多沙漠的景色和情況。在乾旱地區，大風會吹走地面的泥沙。這些沙粒在風力減弱或遇到障礙時會堆成許多沙丘，形成沙漠。如果我們濫伐森林，破壞草原，就會使土地裸露在外，容易沙漠化。」

知識加加油 ①

中國最大的沙漠是塔克拉瑪干沙漠，又稱「死亡之海」。那裏夏季白天酷熱，夜晚寒冷，巨大的溫差加速了岩石風化，晚上有時能清晰地聽到岩石爆裂的聲音。

知識加加油 ②

世界上最大的沙漠是撒哈拉沙漠。那裏的氣候非常惡劣，終年乾旱無雨，是最不適宜生物生存的地方之一。白天氣溫很高，像炎夏；晚上溫度急劇下降，需要穿很厚的棉襖。

王老師帶着小朋友到濕地公園參觀。王老師向大家介紹說：「濕地一般都靠近江、河、湖、海，它的地表有淺層積水，像沼澤、池塘等都屬於濕地。」

小均聽見旁邊的一位導遊在向遊客介紹說，濕地是「地

球之腎」。濕地為什麼是「地球之腎」？小均不明白，去問王老師。

王老師告訴小均和其他小朋友：「濕地能減緩水流，有利於沉積物沉澱；濕地裏的水生植物能去除有害沉積物和化學物質等，使水質澄清。這和人體腎臟的排毒功能非常相似，因此被稱為『地球之腎』。」

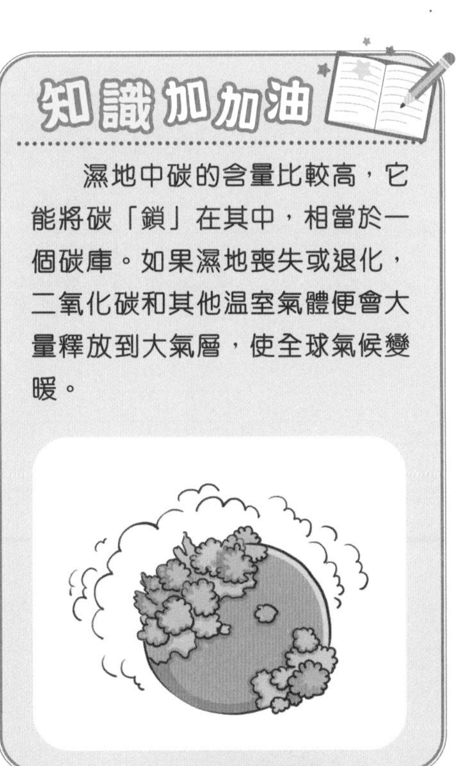

赤道那麼熱，為什麼會有雪山？

小猴淘淘來到赤道附近的非洲大草原找斑馬跳跳。斑馬跳跳見到小猴淘淘高興極了，嚷着要帶他去四處參觀。

「瞧，那是非洲大陸的最高峯——吉力馬札羅山。」跳跳介紹道。

淘淘眺望着吉力馬札羅山，看見峯頂有一層厚厚的積雪。牠奇怪極了：「跳跳，赤道這麼熱，怎麼還會有雪山呢？雪不會融化掉嗎？」

跳跳笑着說：「古人說得好，『高處不勝寒』，即使在炎熱的赤道地帶也不例外。」

山越高氣溫就越低。赤道地帶的高山也是如此，所以很高的山頂會有積雪存在。非洲最高峯吉力馬札羅山終年被冰雪覆蓋，成為赤道的一道奇觀，被人們稱為「赤道雪峯」。

知識加加油

近年來，因為全球氣溫變暖，吉力馬札羅山頂積雪融化、冰川消失的現象非常嚴重。如果不好好保護，吉力馬札羅山頂的雪有可能在 15 年內融化消失。

為什麼石灰岩洞中長着鐘乳石和石筍？

小兔子和小伙伴們在玩探險遊戲。牠們走進一個山洞，發現洞頂吊着千萬根石柱，地面上長出許多像竹筍一樣的石頭。

為什麼會有這樣的奇觀呢？大家都不明白，最後決定回去問大象老師。

大象老師笑着說：「那是石灰岩洞，吊着的石柱和長在地上的石頭分別叫『鐘乳石』和『石筍』。」

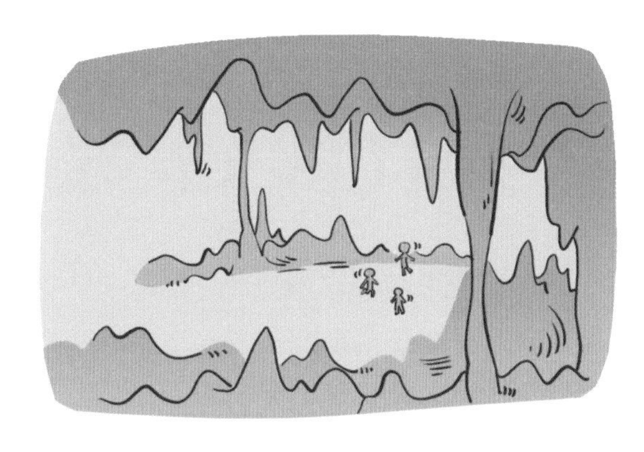

為什麼石灰岩洞裏會長出鐘乳石和石筍呢？原來石灰岩洞頂有許多裂縫，水滴不斷地從這些縫隙裏滲出來，並蒸發。沉澱的石灰質越積越多，積澱在岩壁上的，形成了鐘乳石；積澱在地面上的，就形成了石筍。

知識加加油

意大利有一個「屠狗洞」。那裏的石灰岩會和水發生一種特殊反應，釋放出二氧化碳氣體。二氧化碳集中在洞的下層，當狗跟着人走進洞中，因為牠們的身體比人矮，正好處於二氧化碳流動層，最後會因呼吸不到氧氣而死去。

為什麼黃河這麼多泥沙？

老師向大家介紹說：「黃河是中國的第二大河，因為它的水中含有大量黃色的泥沙，所以看起來是黃色的。」

「為何其他河流的水都比較清澈，而黃河的水裏卻有那麼多泥沙呢？」小方問老師，「這些泥沙是從哪裏來的呢？」

「小方問得好，真會動腦筋。」老師接着說，「其實黃河一開始並不黃。在很久很久以前，黃河流域曾是水草豐美、綠樹成蔭的地區。但隨着黃河流域的草原被大規模破壞，森林被過度砍伐，以及氣候轉冷等因素，黃土高原上的泥沙不斷落進河道中，黃河也就漸漸地變黃了。」

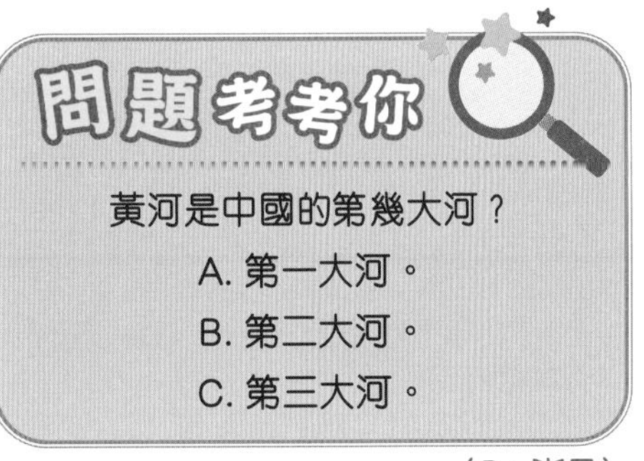

(答案：B)

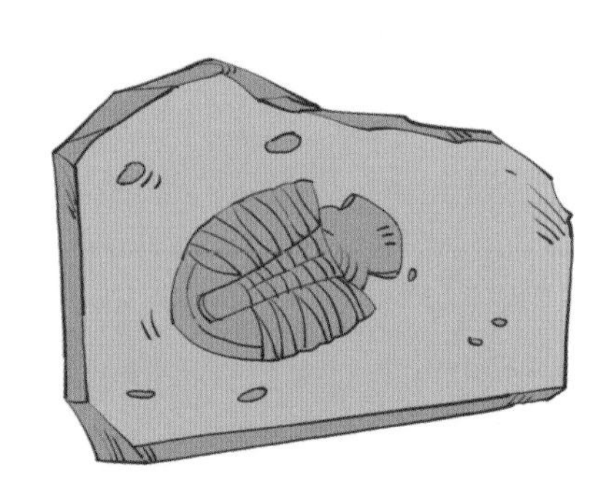

化石是怎樣形成的？

周末，媽媽帶晶晶去參觀恐龍展。展館的正中央擺着一個巨大的恐龍骨模型。

「這個用恐龍化石做成的恐龍骨模型，大得很震撼呀！」媽媽也不由得讚歎。

「媽媽，

化石是什麼東

西？」晶晶問。

「嗯，這個問題可以

去請教導賞員姐姐。」媽媽提議道。

「好吧，讓我來問。」晶晶自告

奮勇地跑去問導賞員姐姐。

導賞員姐姐告訴她們，很久很久以前，地球生物死亡後被泥沙等深深地掩埋了起來。在隨後的漫長年代裏，被掩埋的生物屍體如骨骼、枝葉等堅硬部分保留了下來，與周圍的物質一起變成了跟石頭一樣的東西。人們把這樣的東西稱為「化石」。

知識加加油

琥珀也屬於化石的一種，它晶瑩剔透，柔軟溫潤。它是植物分泌出來的樹脂經地殼變動而深埋地底，逐漸轉變成一種天然的化石。

石油從哪裏來？

小螃蟹聽到海底傳來一陣刺耳的聲音。牠從洞口悄悄探頭出去，發現一個鐵怪物在海底鑽洞。牠害怕極了，連忙去找海龜爺爺。海龜爺爺告訴牠，那是人類在鑽取石油呢！海龜爺爺懂得可多了，牠說：「石油對於人類的用處很大，不僅可以發動汽車，還可以讓機器運轉起來。」

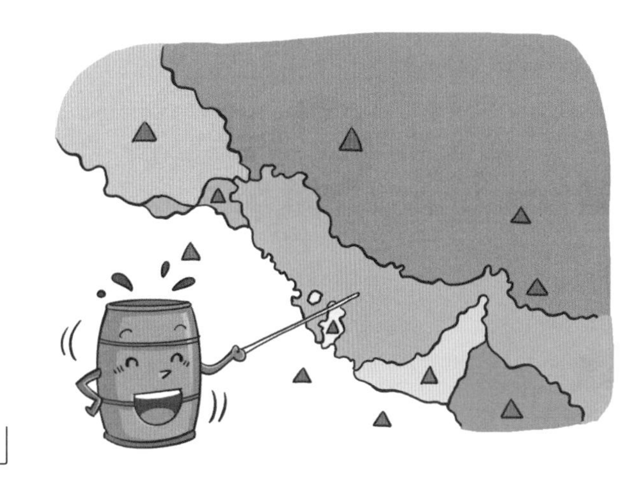

「海底怎麼會有石油呢？」小螃蟹追問。

「石油是幾百萬年前生活在海洋裏的微生物分解後的產物。」海龜爺爺說，「牠們死後被一層層的沉積物覆蓋，隨着時間推移，這些有機物在沉積物的重壓下變成了石油。」

知識加加油 ❶

石油不僅能做動力燃料，還可以製成讓植物快速生長的化肥原料、食品的保鮮膜、女性化妝品等，用途非常廣泛。

知識加加油 ❷

美國科學家卡爾文發現，有一種小灌木會流出含石油的乳汁。他試種了一批這樣的「石油樹」，居然在一年中就有了收穫。其實，像這樣的樹還有很多，如東南亞的銀合歡、巴西的柴油樹等，都是能產出石油的「石油樹」。

風從哪裏來？

這是一個陽光明媚的早晨，圓圓和叔叔一起去草地上放風箏。「飛起來了，飛起來了！」圓圓跟在叔叔後面叫着，跳着，心裏當然很高興。

「風箏是靠風飛上天的，但風是從哪裏來的呢？」圓圓問叔叔。

叔叔指着奔來跑去的圓圓說：「風是由流動的空氣形成的。」

太陽照射着地面不同的區域，空氣在陽光的照射下溫度升高，於是就產生了有的地方空氣熱，有的地方空氣冷的情況。熱空氣比較輕，便上升到周圍的冷空氣之上；而冷空氣比較重，會向空氣較輕的地方流動。當空氣流動時，就產生了風。

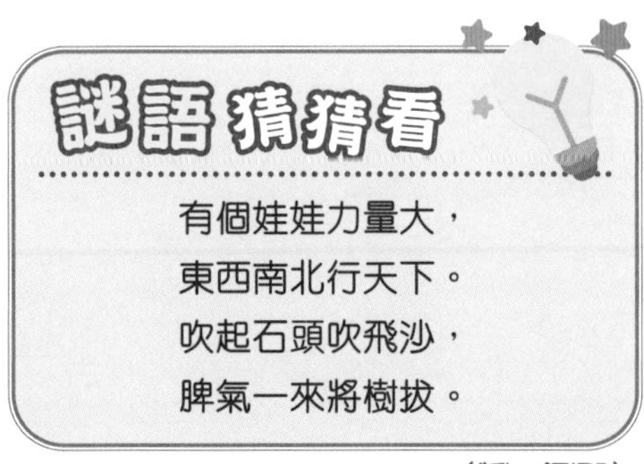

謎語猜猜看

有個娃娃力量大，
東西南北行天下。
吹起石頭吹飛沙，
脾氣一來將樹拔。

（謎底：風）

知識加加油

從 2000 年 1 月 1 日起，受颱風影響比較大的亞太地區開始採用國際統一的颱風命名法。颱風名字共有 140 個，分別由世界氣象組織所屬的亞太地區 14 個成員國和地區提供。香港給颱風取名為啟德、獅子山、馬鞍等，很有本地特色。

霧是從天上降下來的嗎？

星期六，爸爸媽媽帶着奇奇去舅父家的郊外農莊參觀。清晨，奇奇看見大霧籠罩的草地上有一羣小鴨子在覓食，他也想跑去草地上玩。

爸爸拉住他說：「外面霧氣大，會弄濕頭髮，容易着涼。」

奇奇說：「那我張開傘子吧！」

爸爸笑着說：「傻孩子，傘子也沒有用。霧跟雨水不一樣，它不是從天上落下來的，而是近地面空氣中的水蒸氣遇冷凝結而成的。」

奇奇聽了不再固執，和爸爸一起走進屋裏，等待太陽出來，霧氣散了再出去玩。

知識加加油 ❶

霧是對人類交通影響最大的天氣現象之一。由於起霧時能見度低，使很多交通工具，如飛機、汽車、輪船等無法使用或要降低速度。

知識加加油 ❷

大霧的日子裏，空氣中含有許多有害人體健康的污染物，所以大家應儘量避免大霧時到戶外活動，以減少吸入有害氣體。

露從哪裏來？

清晨，小松看見小狗從門外跑進來，就開心地跑去逗牠玩，伸手摸了摸小狗的頭。「咦，牠的毛毛為什麼濕漉漉的，是剛洗過澡嗎？」小松感到很奇怪。

媽媽笑着說：「你瞧牠身上沾着乾草屑呢，一定是剛才在院子裏玩耍時沾到草地上的露水吧。」

小松問：「露水是從哪裏來的呀？是像雨一樣，從天上掉落到草叢裏的嗎？」

「當然不是！空氣中的水蒸氣遇到冷的物體，如樹葉、花草等，就會在上面凝結成小水珠，這就是露水。」媽媽笑着回答。

知識加加油

露水還可以是一種資源呢！法國、秘魯、德國等一直在發展露水資源開發利用技術。在加勒比海地區，露水已經作為飲用水源，被廣泛收集利用。

謎語猜猜看

片片葉子當小窩，
上面掛着晶瑩果。
過路先生莫碰我，
太陽出來我會躲。

（謎底：露）

為什麼雨點有大有小？

早上，天下起雨來。松鼠媽媽帶着小松鼠撐着葉子傘，向幼稚園走去。

雨越下越大。「我們剛出門的時候還是毛毛雨，為什麼現在變得這麼大呢？」小松鼠不解地問。

「這個……」松鼠媽媽一時也回答不上來。小松鼠決

定去請教老師。

老師告訴小松鼠，雨點的大小是由雲裏的水蒸氣決定的。如果雲層比較薄，水蒸氣比較少，雨點就小，下到地面可能就是毛毛雨；如果雲層慢慢變厚，水蒸氣變多，小雨點就會拼合在一起，這時雨點就變大了。

知識加加油 1

雨是在雲層中形成的。它在降落過程中會黏上許多其他物質，如灰塵、煙粒，還有空氣裏的細菌等。降落下來的雨水已經變髒了，小朋友不能直接飲用啊！

知識加加油 2

1940 年 6 月 15 日，前蘇聯的高爾基地區忽然閃電雷鳴，狂風大作，下起傾盆大雨。可是這雨不像一般的雨水，打在身上格外痛。人們發現，有無數銀幣與暴雨一起從天而降！原來是暴雨衝開了一座古墓，狂風又把古墓裏的銀幣捲到了空中，因此出現了一場罕見的銀幣雨。

為什麼會下雪？

小兔冬冬早上起來推門一看，嘩！外面白茫茫一片，鵝毛般的雪花紛紛飄落，好漂亮啦！

「媽媽，要是每天都下雪該多好，我天天都可以堆雪人，拋雪球啦！」冬冬興奮地說。

「傻孩子，雪不能說下就下，需要有合適的氣候條件。」媽媽笑着說。

「下雪要有什麼條件呀？」冬冬很想知道。

媽媽說：「雪一般都在冬天下。當地面溫度低於攝氏 0 度時，高空雲層裏的溫度會更低，那裏的水蒸氣就會凝成小冰晶，並不斷增大形成小雪花。等到小雪花增大到一定程度，上升的氣流托不住時，它就會飄落下來。」

「媽媽，我懂了，這就是下雪。我喜歡冬天，喜歡下雪！」冬冬說完，蹦蹦跳跳跑去玩了。

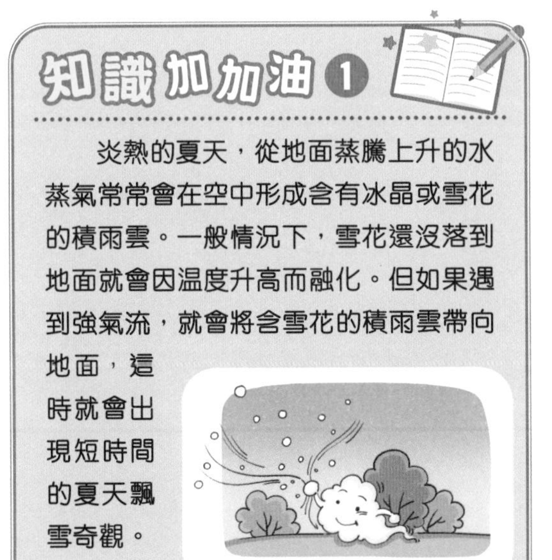

知識加加油 ❶

炎熱的夏天，從地面蒸騰上升的水蒸氣常常會在空中形成含有冰晶或雪花的積雨雲。一般情況下，雪花還沒落到地面就會因溫度升高而融化。但如果遇到強氣流，就會將含雪花的積雨雲帶向地面，這時就會出現短時間的夏天飄雪奇觀。

知識加加油 ❷

北歐的斯堪地那維亞半島，有一個叫瓦騰湖的地方，在 1969 年 12 月 24 日下了一場棕黑色的雪。原來是因為當地的空氣裏含有大量的殺蟲劑，它們附着在雪花上，從而形成了「黑雪」。

為什麼夏天常有雷雨？

天氣悶熱，小鴨子想去河裏洗個澡。「轟隆隆——」傳來一陣陣響雷。「嘩啦啦——」天下起了傾盆大雨。「哎喲，下大雨了，不去游泳了！」小鴨子甩着尾巴上的雨水轉身往家跑，「最近怎麼老是下雷雨啊？」

鴨媽媽聽到了小鴨子的話，拍拍翅膀說：「夏天，

空氣中水蒸氣充足，地面在陽光的強烈照射下升溫，水蒸氣被強大的熱氣流推送到高空後形成積雨雲。當上升氣流無法托住這些積雨雲時，就會下雨。在降落地面之前，雲朵碰撞摩擦產生電荷而放電，並伴隨隆隆雷聲。夏天的中午後，地面空氣的溫度最高，氣流的上升運動也最強，因此最容易產生雷雨。」

知識加加油

中國湖南省慈利縣伏龍山上有一個石灰岩洞，洞中有一股奇怪的泉水。每當雨季來臨，別的地方水流如注，它卻滴水不流。可一有雷聲，泉水便嘩嘩地往外湧；雷聲一停，水流也停止了湧動。

謎語猜猜看

烏雲裹邊把身藏，
不知模樣是什麼。
它的性子特別暴，
生起氣來隆隆響。

（謎底：雷）

龍捲風是怎麼形成的？

小貓正在草地上玩耍，突然天空颳起一陣強風。小貓看到遠處升起一個漏斗狀的雲柱，像魔鬼似的把地上的東西都捲了起來。小貓害怕極了，大叫：「妖怪，妖怪來了！」掩着臉跑了回家。

小貓向貓媽媽講了親眼所見的怪物。貓媽媽告訴牠：「那是龍捲風。」

小貓還是不明白：「龍捲風？那是龍吹來的風嗎？」

貓媽媽說：「妖怪和龍都只是傳說。龍捲風是由冷熱空氣急速升降而形成的氣流漩渦。它能高速旋轉，破壞力極強，常在夏季的雷雨天出現，巨力的風力能把大樹連根拔起，還會摧毀高大的建築物。」

知識加加油

威力巨大的龍捲風有時還會帶來惡作劇，把海裏的水連同魚和水母等生物一起捲上天空。等到龍捲風消失後，這些生物就被「拋棄」而降落地面，形成奇怪的「魚雨」、「水母雨」等。

海嘯是怎樣引起的？

晴晴在晚間國際新聞裏看到某地發生了地震，同時啟動了海嘯預警訊號。

「媽媽，海嘯是什麼啊？」晴晴很驚訝。

「海嘯是一種具有強大破壞力的海浪。」媽媽說。

「什麼原因會引起海嘯呢？」晴晴繼續問。

「地震、火山爆發或海底塌陷和滑坡等，都可能會引起海嘯。」媽媽說，「海嘯捲起的巨大浪濤可高達數十米，能淹沒海岸，對人類的生命和財產威脅極大。」

「啊，海嘯真可怕！希望災區的人能躲避災難，獲得平安。」晴晴在心裏默默祈禱。

知識加加油

如果你住在海岸附近，感覺到強烈的地震或長時間的奇怪震動，或者發現大海像魚那樣吐泡泡，你應迅速離開海岸，到地勢高的地方去避難，因為海嘯有可能即將發生。

為什麼地震發生前，動物會有異常反應？

芳芳從電視上看到，有人發現一羣青蛙從池塘跳到了馬路上，他們猜測這是不是地震的先兆。

「爸爸，青蛙跳上馬路與地震有什麼關係呢？」芳芳不理解。

「有些動物能夠感受到地震發生前的異常情況。」爸爸說，「地震發生前，地球會發生一些變化，如電力、磁場、地熱、水中各種元素含量會起變化。動物的器官比人類的更靈敏，地震前，有些嗅覺靈敏的動物能聞到從地殼縫裏釋放出來的氣體；有的動物能聽到人們無法聽到的岩石爆裂聲，但並非所有動物的異常表現都是地震的先兆。」

知識加加油

地震發生時，如果時間充足，應該跑到空地上躲避。如果來不及，則應躲到堅硬的家具，如櫃子、書桌旁邊，或者是廁所、浴室、廚房等狹小的空間裏，同時閉眼護頭。千萬不要從樓上往下跳，也不能使用升降機。

為什麼冰雹會在夏天出現？

夏天的一個下午，小狗出門去找小兔玩。「啪啪啪！」不知什麼東西從天上掉了下來。

「哇，好疼啊！」小狗的腦袋被敲到了。牠低頭一看，原來是一個個小冰粒。

「快快躲進洞裏！」小兔把小狗拉進了自己的窩裏。

小狗揉了揉腦袋，委屈地說：「明明是夏天，為什麼還會下冰蛋呢？」

「那不是冰蛋，是冰雹呀！」小兔說。

夏天，太陽把大地烤得滾燙，近地面的熱空氣迅速上升。在熱空氣上升的過程中，空氣裏的水蒸氣遇冷凝成水滴，並快速凍結，形成小冰珠。這種小冰珠達到一定重量後，就會形成冰雹，從空中落下來。

知識加加油

雪和冰雹一樣，也是一種固態降水。冰雹給人們帶來的總是災害，冬雪卻是農作物的好朋友。空氣是不導熱的，大雪覆蓋在農田上，可以有效防止熱量散失，保護農作物安全過冬。所以，對農作物來說，冬雪是一張暖和的「白棉被」啊！

為什麼會發生洪水？

吃過晚飯，心心和爸爸一起在客廳裏翻閱書報。她看到一幅相片：外國有個城市，地面的積水很深，連汽車都快被淹沒了。

「爸爸，為什麼那裏有那麼多積水呢？」心心問爸爸。

「因為那裏發生了洪水災害。」爸爸邊看報紙邊回答。

「洪水是哪裏來的呢？」心心繼續追問。爸爸給心心講了有關的知識。如果短時間內雨下得特別大，大部分雨水會通過大小溪流匯入江河。而江河本身的蓄水量是有限的，如果一時間無法排放積水，多餘的水便會滯留形成洪水。洪水會淹沒村莊，衝破堤壩，非常危險。

知識加加油

遇到洪水時，如果時間來得及，應儘快逃向山坡、高地等地方，或者爬上屋頂、樓房高層、大樹等地方暫時躲避。如果不幸被捲入洪水中，儘量設法抓住固定或能漂浮的東西，等待救援人員到來營救。

為什麼臭氧層穿了洞？

幼稚園在這個環保月裏發起了「保護臭氧層」的活動，老師向小朋友們介紹了關於臭氧層的知識。

臭氧是一種含量非常純淨的氣體，它能吸收 99% 以上太陽輻射的紫外線，是地球生命的「保護傘」。不過，現在臭氧層穿了洞，而且這個洞有越來越大的趨勢。

愛動腦筋的小彩不解地問：「臭氧層怎麼會穿洞，是哪個調皮傢伙刺破的呀？」

老師語重心長地說：「這是人類造成的。人類用一種叫氟利昂的物質作為雪櫃和冷氣機的製冷劑，這種物質會破壞臭氧層。同時，工廠排放的廢氣也會使臭氧層穿洞。」

知識加加油 ❶

臭氧層裏的空氣充滿臭氧的氣味，像魚的腥味一樣難聞，所以被稱為「臭氧」。

知識加加油 ❷

據極地考察專家介紹，極地臭氧層遭到了破壞，出現了臭氧層空洞，有的動物因眼睛受到紫外線強力傷害，導致失明。

酸雨是酸酸的嗎？

小海跟着爸爸去郊外遊玩。他們一邊走一邊欣賞着路邊的風景，突然看見一根大大的煙囱正向空中排放出黑色的廢氣。

「唉，工廠要是都這樣向空氣中排放廢氣，就會產生嚴重的酸雨。」爸爸感歎道。

「酸雨？是不是嘗起來味道酸酸的雨？」小海很好奇。

爸爸告訴小海，酸雨並不是它的酸味能讓人品嘗，而是指雨水裏帶有酸性腐蝕物質。煤炭、石油等燃燒時會產生大量的廢氣，它們在大氣中與水蒸氣混合，生成酸性顆粒。下雨時，雨水中夾帶着這些酸性物質，就形成了酸雨。酸雨會毀壞農作物，使水中的生物死亡，還會腐蝕建築物等，危害極大。

知識加加油 ❶

2011 年冰島火山爆發後，網絡上流傳着一個說法：火山灰會引起酸雨。其實，火山噴發出來的主要是岩石及礦物成分，這些不會導致酸雨。相反，火山灰能吸收酸性氣體，不易形成酸雨。

知識加加油 ❷

1952 年 12 月 5 至 8 日，英國倫敦被濃濃的煙霧籠罩，成千上萬的市民感到頭昏眼花，僅僅 4 天裏就有數千人死亡。原來是倫敦的一些工廠排放了大量的酸性廢氣，這些廢氣和水蒸氣形成酸性煙霧，危害人體。

為什麼全球氣候會變暖？

小北極熊走在冰川上，突然咔嚓一聲，冰川裂開了一條縫，小北極熊發現腳下的冰塊正在向海面傾斜。牠猛力一跳，跨上了大冰塊。「好險！」小北極熊的背上冒出一股寒氣。

「媽媽，我剛才差點被冰川帶到海裏去了。」小北極熊氣喘吁吁地跑去找北極熊媽媽。

「唉，這些年地球氣候變暖，使極地的冰川不斷融化。」北極熊媽媽擔心地說。

「為什麼地球氣候會變暖？」小北極熊問。

地球氣候暖化能引起一系列變化，如冰川消融，海平面上升，使瀕海國家和地區遭受威脅；破壞生態系統，加速物種滅絕；引發水旱災害；將熱帶地區的疾病傳播到較冷的地區等。這些變化將使人類面臨嚴峻的生存危機。

「這與人類的活動有很大關係。」北極熊媽媽說，「人類的汽車和工廠排放出許多二氧化碳氣體。二氧化碳不僅能吸收太陽光，還能吸收地球反射太陽光而產生的熱量，使地球變得像一個溫室，導致氣候變暖。」

在春天，為什麼中國北方會出現沙塵暴？

周末，住在北方的希希和爸爸在家休息。

「咯咯咯咯……」門外響起敲門聲。「媽媽買菜回來了！」希希說着趕緊跑去開門。媽媽提着菜籃走進來，身上沾滿了黃沙，連頭髮和眉毛都沾着許多灰沙。

「媽媽，你這是去了哪裏啊？」果果很吃驚。

「出門的時候遇上了沙塵暴！」媽媽回答。

爸爸連忙走過來接過菜籃，幫媽媽拍打沙土。爸爸告訴希希：「北方的春天經常會發生沙塵暴。」

為什麼中國北方在春天會出現這種現象呢？原來，中國的西北地方多是地質疏鬆的沙土。春天，強勁的西北風帶着這些沙土南下，在北方平原形成沙塵暴現象。

知識加加油 1

沙塵暴不僅會颳走農田的沃土、農作物，還會遮擋太陽，使氣温下降，影響植物的光合作用，導致農作物減產。

知識加加油 2

據說，美國夏威夷當地肥沃的土壤中，有許多養分竟然來自萬里之遙的歐亞大陸。科學家認為，這些養分正是由沙塵暴帶去的。

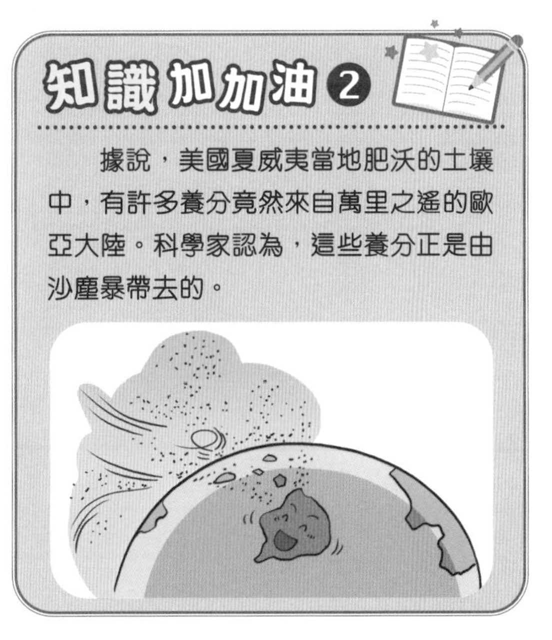

為什麼郊區的溫度會比市區的低？

周末，叔叔帶小月去郊外摘草莓。下車時，小月連打了幾個噴嚏。叔叔關切地說：「我去車上給你拿件衣服。郊外比市區涼，你要注意保暖啊！」

「叔叔，郊區跟市區相隔沒多遠，為什麼氣溫會有差別？」小月不解地問。

「在市區，每天都要消耗大量的汽油、天然氣等燃料，它們會釋放大量的熱量；同時，市區的水泥地面很能吸收太陽的熱量。因此，市區的溫度會比郊區的高。」

小月從叔叔那裏了解到許多知識。雖然市區比較暖和，但她還是喜歡郊區美麗的自然風景和新鮮的空氣。

知識加加油

城市裏每天都會排放許多廢氣，周圍的高樓卻像罩子一般，把廢氣圍在裏面。只有遇上強風，或經歷降雨，才能驅散這些廢氣。為了保持健康的身體，生活在城市裏的人們空閒時應多到郊外走一走，去呼吸新鮮空氣。

謎語猜猜看

看不見，摸不着，
不香不臭沒味道。
說它寶貴到處有，
萬物生存離不了。

（謎底：空氣）

什麼是低碳生活？

今天是正月十五元宵節，公園裏舉行大型的花燈晚會，凡凡一家也準備去參加。

「凡凡，我們坐鐵路去吧！」爸爸說。

「我們為什麼不開車去呢？那樣多方便。」凡凡覺得奇怪。

媽媽走過來笑着說：「現在大家都提倡低碳生活，我們也應該積極響應啊！」

「低碳生活？那是什麼？」凡凡聽得有點糊塗。

媽媽說：「低碳生活是一種綠色的生活方式，提倡從節能、回收等方面來改變生活細節。如多使用公共交通工具，少開車；關掉不必要的燈和拔掉沒用的電器插頭；節約用水；減少垃圾；循環再用等。這些行動都能減少碳排放量，減緩生態惡化。」

知識加加油

「地球一小時」是世界自然基金會為應對全球氣候變化，在2007年提出的一項倡議，希望大家在每年3月的最後一個星期六的晚上8:30至9:30熄燈一小時，以行動支持人們積極應對全球氣候變化而採取的措施。

問題考考你

下面哪種行為可稱綠色生活方式？

A. 頻繁地開關電器。

B. 多乘坐公共交通工具。

C. 開着水龍頭洗衣服。

（答案：B）

天才孩子超愛問的十萬個為什麼

天文與地理

作者：幼獅文化
繪圖：貝貝熊插畫工作室
責任編輯：黃楚雨、黃稔茵
美術設計： 劉麗萍
出版：園丁文化
香港英皇道 499 號北角工業大廈 18 樓
電話：(852) 2138 7998
傳真：(852) 2597 4003
電郵：info@dreamupbooks.com.hk
發行：香港聯合書刊物流有限公司
香港荃灣德士古道 220-248 號荃灣工業中心 16 樓
電話：(852) 2150 2100
傳真：(852) 2407 3062
電郵：info@suplogistics.com.hk
印刷：中華商務彩色印刷有限公司
香港新界大埔汀麗路 36 號
版次：二〇二二年五月初版
二〇二四年六月第三次印刷

ISBN: 978-988-76250-1-8
原書名：《好寶寶最愛問的小問號　十萬個為什麼　天文與地理》

18/F, North Point Industrial Building, 499 King's Road, Hong Kong
Published in Hong Kong SAR, China
Printed in China